EUL VERLAG

Thomas M. Woytt

Fremdfinanzierungsratgeber

für kleine Unternehmen

EUL VERLAG

Bibliographische Information der Deutschen Bibliothek

Die Deutsche Bibliothek verzeichnet diese Publikation in der Deutschen Nationalbibliothek; detaillierte bibliographische Daten sind im Internet über <http://dnb.ddb.de> abrufbar.

ISBN 978-3-89936-800-0
1. Auflage Mai 2009

JOSEF EUL VERLAG GmbH
Brandsberg 6
D-53797 Lohmar
Tel.: +49 (0) 22 05 / 90 10 6-6
Fax: +49 (0) 22 05 / 90 10 6-88
http://www.eul-verlag.de
info@eul-verlag.de

Bei der Herstellung unserer Bücher möchten wir die Umwelt schonen. Dieses Buch ist daher auf säurefreiem, 100% chlorfrei gebleichtem, alterungsbeständigem Papier nach DIN 6738 gedruckt.

Inhaltsverzeichnis

Abbildungs- und Tabellenverzeichnis

Abkürzungsverzeichnis

AKA	Ausfuhrkreditgesellschaft
EK-Quote	Eigenkapitalquote
ERA	Einheitliche Richtlinien und Gebräuche für Dokumentenakkreditive
ERI	Einheitliche Richtlinien für das Inkasso von Handelspapieren
EU	Europäische Union
HGB	Handelsgesetzbuch
i.d.R.	in der Regel
IFM Bonn	Institut für Mittelstandsforschung Bonn
IFRS	International Financial Reporting Standards
i.H.v.	in Höhe von
IKV	Investitionsgüterkreditversicherung
KfW	Kreditanstalt für Wiederaufbau
KMU	Kleine und mittlere Unternehmen
p.a.	per annum (pro Jahr)
US-GAAP	United States Generally Accepted Accounting Principles
WKV	Warenkreditversicherung
ZF	Zinsfestschreibung
zw.	zwischen

1. Einleitung

In der heutigen, immer schneller lebigen Welt müssen Unternehmen sich auf verändernde Märkte einstellen, mit dem technologischen Fortschritt standhalten und sich wegen der globalisierenden Wirtschaft internationaler ausrichten. Für all dies benötigen sie Kapital. Kapital ist jedoch eine wertvolle Ressource und in der Regel nicht in dem Maße vorhanden, dass all die notwendigen Investitionen damit getätigt werden können. Somit stehen die Unternehmen vor der Frage, wie sie die Investitionen finanzieren können.

Durch die „Subprime-Krise"[1] ist zusätzlich ein Vertrauensverlust gegenüber den Banken entstanden und deren Illiquidität schürt bei vielen mittelständischen Unternehmen Ängste, wie weitere Refinanzierungen im Mittelstand erfolgen werden bzw. welche Auswirkungen dies auf die Kreditvergabepolitik der Banken haben wird.

Gerade in so einer Situation ist es erforderlich, als Unternehmer die wichtigsten und gängigsten Finanzierungsformen für sein mittelständisches Unternehmen zu kennen, denn die Finanzierung ist eine finanzwirtschaftliche Kernkomponente und für den Unternehmenserfolg entscheidend mitverantwortlich.

Kennen mittelständische Unternehmen alle ihnen zur Verfügung stehenden Finanzierungsmöglichkeiten? Nutzen sie diese auch? Haben sie eine optimale Finanzierungsstruktur?

---

1 Weltweite Finanzmarktkrise in beginnend 2007. Im April 2009 noch fortwährend.

Die Antwort aus der Praxis lautet: **Nein!**[2]

Bei den meisten Unternehmern beschränkt sich ihr rudimentäres Wissen gerade einmal auf Kontokorrentlinie und Darlehen. Reicht dieses Wissen denn für die Anforderungen in unserer heutigen Wirtschaftswelt noch aus? **Nein!**

Denn durch den Einsatz von optimierten, auf die Unternehmensbedürfnisse abgestimmten Finanzierungsstrukturen können Zinskosten reduziert werden, was zu einer Verbesserung der Liquidität und damit der Wettbewerbsfähigkeit führt. Heutzutage kann schon ein halber Prozentpunkt Unterschied in den Finanzierungsbelastungen über die Wirtschaftlichkeit und Überlebensfähigkeit der Unternehmung entscheiden.

Dieser Ratgeber gibt in gebündelter und explizit auf den Mittelstand fokussierter Form Einblick in die wichtigsten Fremdfinanzierungsquellen, die zur kurz- und langfristigen Unternehmensfinanzierung zur Verfügung stehen.

Hierzu werden die Finanzierungsformen in einer kurzen, prägnanten und praxisorientierten Form vorgestellt.

Durch die klare Strukturierung nach

- Zielgruppe,
- Nutzen,

---

2 Diese Erfahrung resultiert aus über 150 selbstgeführten Gesprächen mit mittelständischen Unternehmen in den letzten 3 Jahren in der Funktion als Firmenkundenbetreuer bei einer deutschen Großbank.

- Risiko und
- Preisgestaltung

kann der Leser einfach und schnell überprüfen, ob die jeweilige Finanzierungsform für ihn interessant und nutzbar ist.

2. Finanzierung - Allgemein

„Unternehmen benötigen Kapital für Investitionen, [...]
Die für die Investition benötigten Mittel können
als Beteiligungskapital von Eigentümern oder Teilhabern
oder als Kreditkaptal von Gläubigern
zur Verfügung gestellt werden."[3]

„Bevor ein Betrieb produzieren kann, benötigt er Zahlungsmittel für die Beschaffung der notwendigen Produktionsfaktoren. [...] Durch das zeitliche Auseinanderfallen der Kapitalbindung und der Kapitalfreisetzung entsteht Kapitalbedarf. Dieser Kapitalbedarf muss durch Kapitalzuführung (= Finanzierung) gedeckt werden"[4]

Die Begriffe Finanzierung und Investition stehen in einem engen Zusammenhang, denn Kapitalverwendung setzt Kapitalbeschaffung voraus. Jedoch ist nicht jede Verwendung von finanziellen Mitteln eine Investition sowie nicht jede Beschaffung von finanziellen Mitteln eine Investition zur Folge hat.

Eine Investition wird von Peter Dörsam als die *„Umwandlung von Zahlungsmitteln in andere Vermögenswerte materieller oder immaterieller Art"*[5] beschrieben.

Die Verbindlichkeiten stellen das in einem Unternehmen arbeitende Fremdkapital dar.[6] Das Fremdkapital lässt sich in Rückstellungen und

---

3 FRANKE; HAX: 1.

4 EHEBRECHT; KLEIN; KRENITZ: 7.

5 DÖRSAM: 7.

6 Vgl. DEITERMANN; RÜCKWART; SCHMOLKE: 14.

Verbindlichkeiten untergliedern, die auf der Passiv-Seite der Bilanz ausgewiesen und nach ihrer Fristigkeit (kurz- oder langfristig) gegliedert werden.

Die Vermögenswerte eines Unternehmens abzüglich seiner Verbindlichkeiten ergeben das Eigenkapital (Reinvermögen).[7] Bilanziell wird es in folgende Positionen gegliedert:[8]

- Stammkapital (Geschäftsanteile),
- Rücklagen,
- Gewinnvortrag,
- Jahresüberschuss.

Der Finanzierungsbegriff im Allgemeinen schließt alle Maßnahmen zur Deckung des Kapitalbedarfs ein. Somit kann zum einen die Kapitalbeschaffung in Form von Eigen- oder Fremdkapital von außen (Außenfinanzierung) und zum anderen aus dem betrieblichen Umsatzprozess (Innenfinanzierung) erfolgen (s. Abbildung 1). Die Finanzierungsarten werden in dem folgenden Schaubild nach der Rechtsstellung der Kapitalgeber gegliedert. *„Danach sind sie entweder der Eigenfinanzierung [...] oder der Fremdfinanzierung [...] zuzuordnen."*[9]

---

7 Ebd.

8 OLFERT; REICHEL: 25-26.

9 BILSTEIN; WÖHE: 20.

Abbildung 1: Gliederung der Finanzierungsarten

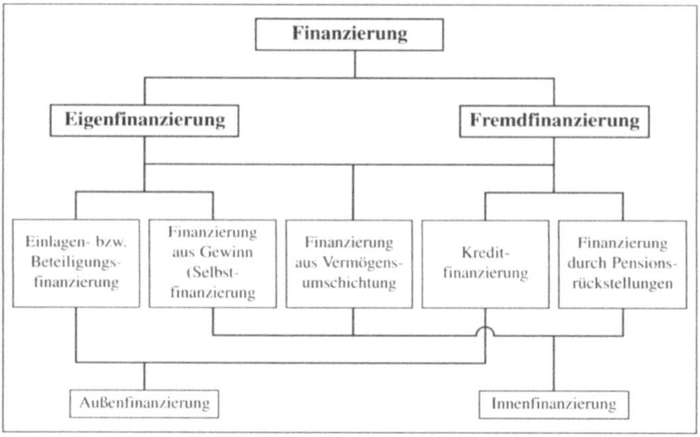

Quelle: BILSTEIN; WÖHE: 20.

Die „Finanzierung aus Vermögensumschichtung" (Innenfinanzierung) kann sowohl mittels Eigen- oder Fremdkapital erfolgen. Die kreditfinanzierte Fremdfinanzierung wird nun im Weiteren detailliert behandelt.

3. Kurzfristige Kreditfinanzierung

„Ich brauche keinen Kredit,
ich will nur mein Konto überziehen!"
Kundenaussage

Eine Fremdfinanzierung (Kreditfinanzierung) liegt vor, wenn der Unternehmung Kapital durch Gläubiger zur Verfügung gestellt wird, diese aber dadurch kein Eigentum an der Unternehmung erwerben, sondern mit dieser nur für die Dauer der Finanzierung schuldrechtlich verbunden sind.

Hinweis: Nach der reinen Lehre haben Fremdfinanzierer keine Mitsprache-, Kontroll- oder Entscheidungsbefugnisse, jedoch lassen Banken sich diese gerne vertraglich einräumen, wenn sie einen großen Anteil an der Fremdfinanzierung tragen!

Kurzfristige Kredite, z.B. Kontokorrentkredit, sollen i.d.R. der Unternehmung helfen, ihren kurzfristigen Liquiditätsbedarf im Rahmen der Umsatzfinanzierung zu decken. Gerade bei raschem Unternehmenswachstum können sich Liquiditätsengpässe ergeben. Alle Fremdfinanzierungen mit einer Laufzeit von bis zu zwölf Monaten werden als kurzfristig bezeichnet.[10]

3.1 Kontokorrentkredit

Der Kontokorrentkredit (auch Dispositionskredit genannt) stellt die *„klassische kurzfristige Kreditform dar."*[11] Durch die Zusage/Bereitstellung einer Kontokorrentlinie, die meist unbefristet bzw.

---

[10] Vgl. WÖHE: 606.

[11] PERRIDON; STEINER: 438.

„bis auf weiteres" (b.a.w.) erfolgt, erhält die Unternehmung die Möglichkeit, ihr Konto bis zu einer festgelegten Höchstgrenze variabel in Anspruch zu nehmen. Mit dem Kontokorrentkredit sollen kurzfristige Liquiditätsengpässe durch Zahlungsüberschneidungen ausgeglichen werden.

Der Kontokorrentkredit ist häufig das „Schlüsselprodukt" in der Kunde-Bank-Beziehung.

Banken versuchen natürlich auch für den Kontokorrentkredit eine Absicherung zu erhalten. Als Sicherheit kann üblicherweise das Umlaufvermögen, z.B. Sicherungsübereignung des Warenbestandes, Zession der Kundenforderungen, oder eine Gesellschafterbürgschaft (verdeutlicht die Verbundenheit mit der Unternehmung) dienen. Ziel der Unternehmung sollte es sein, zumindest einen Teil der Kontokorrentlinie als Blankokredit, d.h. ohne Sicherheitenstellung, zu erhalten.

<u>Zielgruppe:</u>
Diese Kreditform ist prinzipiell für alle Unternehmen, die nicht über eigene, hohe Liquiditätsreserven verfügen, interessant.

<u>Nutzen:</u>
Mit dieser Kreditform wird

- die betriebsnotwendige Firmenliquidität sichergestellt,
- die Unternehmensrentabilität durch Ausnutzung von Skonti (s. Kapitel 9.2) gesteigert sowie
- die reibungslose Abwicklung des Zahlungsverkehrs gesichert.

Sollzinskosten fallen nur für die tatsächliche Inanspruchnahme an.

Risiken:

Produktspezifisches Risiko ist lediglich das Zinsänderungsrisiko bei veränderter Refinanzierung der Bank durch Bewegungen am Geldmarkt. (Dies kann durch entsprechende Zinsabsicherungsprodukte – die zusätzliche Kosten verursachen – begrenzt werden.)

Preisgestaltung:

Die Kosten für den Kontokorrentkredit setzen sich wie folgt zusammen:

- Sollzinsen für den in Anspruch genommenen Kredit
  Die Höhe des Zinssatzes hängt von der Kundenbonität und den aktuellen Geldmarktsätzen ab. Die variable Ausnutzung des Kredites lässt sich die Bank meist mit einer größeren Marge bezahlen. Dieses Produkt zählt zu den hochmargigen Kreditprodukten der Banken.
  Die Zahlung des Sollzinses ist obligatorisch.
- Kreditprovision *(optionaler Kostenpunkt)*
  Hierbei kann es sich um einen Zuschlag zum Sollzins. Liegt i.d.R. zw. 0-1% p.a. von der Linienhöhe!
- Bereitstellungskosten *(optionaler Kostenpunkt)*
  Für die zugesagte Kreditlinie wird per se ein bestimmter Zinssatz fällig. Liegt i.d.R. zw. 0-3% p.a. von der Linienhöhe!

Ob Kreditprovision und/oder Bereitstellungskosten verlangt werden, variiert zwischen den einzelnen Anbietern. Ein vordergründig günstiger Sollzinssatz kann somit im Nachhinein durch die „versteckten" Kosten unattraktiv werden. Vergleichen lohnt!

3.2 Geldmarktkredit

Der Geldmarktkredit dient wie der Kontokorrentkredit der Finanzierung des laufenden Geschäftsbetriebes. Die Anrechnung des Kredites erfolgt häufig zu Lasten der eingeräumten Kontokorrentlinie.

Es können Laufzeiten von 1 Tag bis 1 Jahr vereinbart werden. Dieses Produkt kann je nach Bank aber erst ab einer Mindestkreditsumme von € 200.000,00 genutzt werden. Bei Fälligkeit kann der Geldmarktkredit prolongiert werden. Absicherung erfolgt durch bankübliche Sicherheiten (vgl. Kapitel 3.1).

Zielgruppe:

Geeignet für Unternehmen, die anhand ihrer Liquiditätsplanung den Zeithorizont der Inanspruchnahmen klar identifizieren können.

Nutzen:

Bietet transparente und geldmarktnahe Konditionen (s. Preisgestaltung), die deutlich günstiger sind als Kontokorrentzinsen.
Auch in handelbaren Fremdwährungen aufnehmbar.

Risiken:

Der Geldmarktkredit kann (i.d.R.) während seiner Laufzeit nicht vorzeitig zurück gezahlt werden. Bei Aufnahme in Fremdwährung sind Währungsrisiken zu beachten.

Preisgestaltung:

Als Referenzzins dient meist der Euribor (Geldmarktzins), der aus der Tagespresse oder dem Internet[12] entnommen werden kann. Hierauf

---

[12] z.B. http://isht.comdirect.de/html/bnd/zinsen/main.html, abgerufen am 11.04.2009.

rechnet das kreditgebende Institut noch einen Aufschlag (Marge) in Abhängigkeit von der Kundenbonität. Bei guten Bonitäten beginnt der Aufschlag i.d.R. bei 0,5 Prozentpunkten.

Hinweis:

Wenn sie von ihrer Bank nicht die Marge genannt bekommen, können sie sich dies leicht selbst errechnen:

Kundensatz - Euribor = Bankmarge

3.3 Wechseldiskontkredit

Kredit auf (Handels-)Wechsel[13] in EURO oder einer konvertierbaren Fremdwährung. Die Inanspruchnahme erfolgt meist zu Lasten der eingeräumten Kontokorrentlinie. Es kann aber auch eine eigenständige Diskontkreditlinie eingeräumt werden.

Banken wollen bei den zum Diskont anzukaufenden Wechseln meist gerne Laufzeiten von mindestens 30 Tagen bis maximal 180 Tagen.

Zielgruppe:

Alle Kunden mit Wechselgeschäft.

Nutzen:

Kunde erhält aus dem Wechsel sofort Liquidität, die z.B. für Skontozahlungen genutzt werden kann. Durch die Diskontierung wird bei Fremdwährungswechseln das Wechselkursrisiko ausgeschlossen, sofern der Abschnitt ordnungsgemäß eingelöst wird.

---

[13] Einen guten Überblick zu der Thematik Wechsel bietet http://de.wikipedia.org/wiki/Wechsel_(Urkunde), abgerufen am 11.04.2009.

Risiken:

Wird der Wechsel am Fälligkeitstag nicht eingelöst, so erfolgt ein Rückgriff durch die diskontierende Bank auf den Kunden.

Preisgestaltung:

Der Ankauf des Wechsels erfolgt entweder zu dem bereits vereinbarten Kontokorrentzins oder einem separaten Diskontwechselsatz. Desweiteren können noch Gebühren für die Abwicklung, Courtage und Spesen (Porto) anfallen.

3.4 Lieferantenkredit

Der Lieferantenkredit ist ein Kredit, den Lieferanten ihren Kunden (Abnehmern) durch die Gewährung eines Zahlungsziels (im Schnitt zwischen 1-3 Monaten) einräumen.
Die zeitliche Verschiebung einer ansonsten früher anfallenden Zahlung führt bei dem Kunden zu einer Erhöhung der aktuellen Liquidität.
Der Lieferantenkredit ermöglicht - wie jeder andere Kredit - eine Synchronisation gegenwärtiger Ausgaben und künftiger Einnahmen.
In der Bilanz wird dieser Kredit unter der Bezeichnung "Verbindlichkeiten aus Lieferungen und Leistungen" verbucht.

Zielgruppe:

Kunden, die bei ihrem Verkäufer einen guten Ruf/Kreditwürdigkeit besitzen. Dient ebenso auch zur Stärkung der Käufer-Verkäufer-Beziehung und Absatzsicherung. Interessant für Kunden, die ihre Banklinien bereits ausgeschöpft haben bzw. keine Kredite mehr bekommen.

Nutzen:
Da die Zahlungsziele häufig nach der Absatzdauer der gelieferten Waren bemessen werden, kann die Zahlung dann aus den Einnahmen erfolgen.

Risiken:
Keine Risiken für den Käufer.

Preisgestaltung:
Das Zahlungsziel hat der Verkäufer, da er sich ja auch refinanzieren muss, bereits mit Aufschlag im Warenpreis einkalkuliert, d.h. er lässt sich diese Kreditgewährung (teuer) bezahlen.

Hinweis: Es empfiehlt sich – wenn möglich - für den Käufer die Aufnahme von einem Bankkredit zum Barkauf mit Skontoabzug (s. Kapitel 9.2)!

3.5 Factoring

Factoring ist eine moderne Finanzdienstleistung, die der kurzfristigen Umsatzfinanzierung dient, und verzeichnet seit Jahren erhebliche Zuwachsraten.[14]

Factoring ist der Verkauf von Forderungen des Unternehmens (Forderungsverkäufer) an eine Factoringgesellschaft (Factor). Hierfür erhält der Forderungsverkäufer vom Factor den Forderungskaufpreis abzüglich seiner Kosten (s. Preisgestaltung) ausbezahlt. Der Factor kann insgesamt drei Funktionen für den Forderungsverkäufer übernehmen:

---

[14] Vgl. Factoring boomt.

- Finanzierungsfunktion.
- Dienstleistungsfunktion (Debitorenbuchhaltung, Rechnungsversand und Mahnwesen).
- Delkrederefunktion (Übernahme Forderungsausfallrisiko durch den Factor, so genanntes „echtes Factoring").

Factoring ist Bestandteil einer vollumfänglichen Finanzierungskonzeption und stellt eine Alternative zu der klassischen Betriebsmittelfinanzierung (Kontokorrent) dar.

Zielgruppe:

Unternehmen mit einem hohen Forderungsbestand (breit diversifiziertes und gesundes Forderungsportfolio).

Nutzen:

Verkauf der Forderungen führt zur sofortigen Erhöhung der Liquidität und einer Verbesserung der Bilanzrelationen.
Kostenentlastung im administrativen Bereich (Personal-/Sach-/Rechtsverfolgungskosten) durch Dienstleistungsfunktion des Factors. Forderungsausfallrisiko kann von dem Factor übernommen werden.

Risiken:

Keine spezifischen Risiken für den Kunden.

Preisgestaltung:

Die Kosten betragen ca. 0,8 - 2,5% der Forderungssumme. Des Weiteren wird häufig noch ein Abschlag (10-20%) der Forderungssumme einbehalten, um das Veritätsrisiko[15] abzusichern. Wird die

---

[15] Verität beschreibt den rechtlichen Bestand einer Forderung.

Forderung durch den Schuldner beglichen, dann wird dieser Betrag vom Factor an den Kunden ausbezahlt.

Hinweis: Die G.R. Factoring GmbH (http://www.gr-factoring.de) sowie die Montan Factoring GmbH (http://www.montan-factoring.de) sind auf die Umsatzfinanzierung bei kleinen und mittleren Unternehmen (KMU) spezialisiert!

Exkurs: Unterschied Factoring und Forfaitierung

Der wesentliche Unterschied zwischen Factoring und Forfaitierung ist, dass es sich bei der Forfaitierung um Einzelgeschäfte mit kurz- bis mittelfristigen Zahlungszielen handelt, während beim Factoring ein Rahmenvertrag geschlossen wird, mit dem sich der Forderungsverkäufer verpflichtet, alle seine kurzfristigen Forderungen eines bestimmten Kundenstammes an den Factor zu verkaufen.

3.6 Kundenanzahlung

Hier erhält der Verkäufer bereits vor Lieferung Geld vom Käufer. Dies verbessert die Liquiditätslage des Verkäufers und sichert ihm vor allem auch die Abnahme seiner Ware durch den Käufer. Zur Ausschaltung des Lieferrisikos verlangt der Käufer für seine Anzahlung meist eine Bankgarantie/Aval (s. Kapitel 7).[16]

Kundenanzahlungen werden meist bei individuell erstellten Produkten, die einen hohen Kapitaleinsatz bis zu ihrer Fertigstellung verursachen, vereinbart.

---

[16] Vgl. BIEG; KUßMAUL: 272-273.

Ob eine Anzahlung vereinbart werden kann, hängt von der Marktstellung des Abnehmers und den üblichen Marktgepflogenheiten ab. Bei Geschäften mit Abnehmern in Russland ist eine 100%ige Zahlung vor Lieferung durchaus üblich. [17]

[17] Ebd.

4. Darlehen

Die langfristige Kreditfinanzierung kann nach der reinen Lehre[18] mittels

- Schuldverschreibungen (Anleihen, Obligationen),
- Schuldscheindarlehen oder
- langfristigen Bankdarlehen

erfolgen. Wegen der Höhe der erforderlichen Beträge und der hohen Anforderungen an die Bonität haben KMU zu Schuldverschreibungen und Schuldscheindarlehen keinen Zugang, d.h. sie sind auf langfristige Bankdarlehen angewiesen. Somit werden im weiteren Verlauf dieses Kapitels auch nur Bankdarlehen thematisiert.

„Das Darlehen beruht auf einem schuldrechtlichen Vertrag: Der Darlehensgeber schuldet dem Darlehensnehmer die Auszahlung des Darlehens. Im Gegenzug verpflichtet sich der Darlehensnehmer zur

- *fristengerechten Rückzahlung (Tilgung)*
- *Zahlung von Darlehenszinsen in vereinbarter Höhe."*[19]

Langfristige Darlehen werden zur fristenkongruenten Finanzierung von langlebigen Investitionsgütern, z.B. Immobilien (Bürogebäuden oder Werkshallen) oder Maschinen mit einer langen wirtschaftlichen Nutzungsdauer, benötigt. Die Kreditlaufzeit sollte sich bei Mobilienfinanzierungen an dem Abschreibungszeitraum des Wirtschaftsgutes orientieren.

Da KMU eben nur auf Bankdarlehen zur langfristigen Kreditfinanzierung zurückgreifen können, sprechen Perridon und Steiner von einer

[18] Vgl. PERRIDON; STEINER: 404.

[19] WÖHE: 595.

„Kreditklemme"[20]. Um hier einen „finanzielle Ausgleichsweg" zu gewähren, sind als langfristige Finanzierungsoption öffentliche Förderprogramme (s. Kapitel 8) initiiert worden.

Laufzeiten:

Die Darlehenslaufzeiten liegen zwischen vier bis maximal 35 Jahren und sollten in jedem Fall der wirtschaftlichen Nutzungsdauer der finanzierten Gegenstände angepasst sein. (Darlehenslaufzeit ist nicht gleich Zinsbindungsdauer!)

Darlehensarten:

Darlehen können verschiedene Ausgestaltungformen haben. Die Hauptunterschiede sind:

- Art der Zinsfestschreibung.
- Einräumung Sondertilgungsmöglichkeit.
- Tilgungsform.

Zinsfestschreibung:

Die Art der Zinsfestschreibung besagt, für welchen Zeitraum der Darlehenslaufzeit der Zins fest vereinbart wird. Es gibt zwei Varianten.

Zum einen kann ein Festsatz vereinbart werden. Hierunter fallen alle Zinsfestschreibungen ab einem Jahr. Viele deutsche Banken bieten Laufzeiten der Festzinssätze nur bis zu 10 Jahren an, da nämlich nach 10 Jahren der Kunde ein nicht vertraglich ausschließbares Recht zur Rückzahlung ohne Berechnung einer Vorfälligkeitsentschädigung[21] hat.

---

[20] Vgl. PERRIDON; STEINER: 427.

[21] Entgelt für die außerplanmäßige Rückführung eines Darlehens während der Zinsfestschreibungszeit.

Der Festsatz gewährt während seiner Laufzeit eine feste Kalkulationsbasis.

Zum anderen kann das langfristige Darlehen mit kurzfristigen Tranchen[22] (Zinsbindung 1 bis 12 Monate) refinanziert werden. Vorteil dieser Refinanzierung ist, dass zu den jeweiligen Zinsanpassungsterminen eine Sondertilgung ohne Vorfälligkeitsentschädigung erfolgen kann.

Andererseits besteht natürlich das Risiko steigender Zinsen über die Darlehenslaufzeit. Deshalb empfiehlt sich hierbei der Einsatz von Zinssicherungsinstrumenten, um dieses Risiko auszuschließen bzw. zu minimieren.

Sondertilgung:

Durch die Einräumung einer Sondertilgungsmöglichkeit kann bei einem Festsatzkredit jährlich ein festgesetzter Betrag (i.d.R. zwischen 2,5 - 10% der Ursprungskreditsumme) zusätzlich zu der laufenden Tilgung zurückgezahlt werden. Diese „Kann-Option" kostet meist einen Zinsaufschlag (von ca. 0,25%) im Vergleich zu dem vergleichbaren Festzinssatz ohne Sondertilgungsmöglichkeit. Daher sollte diese Variante nur dann gewählt werden, wenn die finanzielle Möglichkeit zur Erbringung von Sondertilgungen plausibel erscheint.

Tilgungsformen:

Der Unternehmer ist bestrebt, mit einer darlehensfinanzierten Investition einen Mehrertrag (RoI)[23] zu erzielen, mit dessen Hilfe das Darlehen zurückgezahlt werden kann. Dieser Mehrertrag kann ent-

---

22 Tranche = Teilbetrag eines Kredites.

23 RoI = Return on Investment (Rentabilitätskennzahl)

weder unmittelbar oder erst nach einer gewissen Anlaufphase erwirtschaftet werden, so dass die Tilgungsform den zu erwartenden Liquiditätsströmen angepasst werden sollte. Die gängigsten Methoden sind:

- Endfälliges Darlehen:
  Das Darlehen wird am Ende der Laufzeit in einem einmaligen Betrag zurückgezahlt.

- Annuitätendarlehen:
  Der jährlich zu zahlende Betrag (Annuität) aus Tilgung und Zinsen ist immer gleich hoch. Der Tilgungsanteil steigt während der Laufzeit an und der Zinsanteil sinkt entsprechend.

- Tilgungsdarlehen:
  Die Tilgung ist während der Laufzeit konstant; die Zinsbelastungen sinken, da sie anhand der Restvaluta des Darlehens berechnet werden. Somit nimmt die Belastung aus dem Darlehen während der Laufzeit ab.

- Darlehen mit Freijahren:
  Hier wird vereinbart, dass Tilgungszahlungen erst nach einigen Freijahren einsetzen. Während der Freijahre sind lediglich die Zinskosten zu erbringen. In der Rückführungsphase kann das Darlehen dann entweder mittels konstanter Annuität oder Tilgung zurückgeführt werden.

Besicherung:

Langfristige Darlehen werden üblicherweise nur gegen dingliche Sicherheiten wie z.B. Grundschulden oder Hypotheken gewährt. Diese Grundpfandrechte dienen als Besicherungsnachweis.

Ist die als Sicherheit genutzte Immobilie ein Renditeobjekt, wird der Beleihungswert nach dem Ertragswertverfahren, bei Selbstnutzung nach dem Sachwertverfahren, ermittelt.[24]

Als Ersatzsicherheiten können evtl. auch

- Abtretungen von Lebensversicherungsansprüchen,
- Verpfändung von Wertpapierdepots und/oder Bankguthaben (Termingelder),
- Abtretungen von Mieten, Forderungen sowie
- Sicherungsübereignungen von Maschinen/Waren

herangezogen werden.

Nutzen:

Durch eine langfristige Darlehenslaufzeit erhält der Unternehmer Planungssicherheit für seine Liquidität. Der Zinssatz kann langfristig festgeschrieben werden, so dass kein Zinsänderungsrisiko besteht.

Nachteil:

Durch die langfristige Zinsfestschreibung kann das Darlehen während der Laufzeit nur gegen Vorfälligkeitsentschädigung gekündigt oder abgelöst werden.

Hinweis: Es können Sondertilgungsmöglichkeiten vereinbart werden, z.B. jährlich 10% der Ursprungskreditsumme!

Preisgestaltung:

Der Kundenzinssatz ist abhängig von der gewählten

- Zinsfestschreibungszeit,

---

[24] Mehr zu dem Thema Ertragswertverfahren/Sachwertverfahren können Sie nachlesen unter http://de.wikipedia.org/wiki/Ertragswertverfahren bzw. http://de.wikipedia.org/wiki/Sachwertverfahren, abgerufen am 11.04.2009.

- Tilgungsart (mit oder ohne Sondertilgungsmöglichkeit) und
- der kundenspezifischen Risikoklasse.

Diese ergibt sich aus dem Ratingergebnis, der Art der Kreditbesicherung und der Mittelverwendung.

Hinweis: Im Rahmen der Kreditbesicherung fallen weitere Kosten, z.B. Eintragung Grundschuld, Ermittlung Beleihungswert, an. Hier ist im Vorfeld zu klären, wer diese Kosten trägt.

5. Leasing

Leasing ist eine wichtige Finanzierungsform, die *„vor allem im Hinblick auf Basel II und die verschärften Eigenkapitalvorschriften [...] eine sinnvolle Alternative für Firmenkunden darstellt."*[25]

Leasing (engl. lease = Mietvertrag) beschreibt die zeitliche Überlassung eines Gegenstandes gegen Entgelt. Die Leasinggesellschaft beschafft und vorfinanziert das Investitionsobjekt (ist Eigentümerin) und vermietet es dann für einen vertraglich festgeschriebenen Zeitraum an den Leasingnehmer.[26]

„Für Leasing gibt es so gut wie keine Grenzen. Selbst außergewöhnliche Investitionen wie eine Vierfach-Looping-Achterbahn, eine Blumenbedampfungsanlage oder Löwen und Tiger für Safariparks werden auf diese Weise finanziert."[27]

Häufig wird Leasing auch in Verbindung von weiteren Dienstleistungen, z.B. Serviceleistungen wie Wartung und Reparatur für das Leasingobjekt, angeboten.

Zielgruppe:

Interessant für Unternehmen, die eine off-balance-Finanzierung[28] wünschen bzw. ein Wirtschaftsgut anschaffen, welches über klassische Bankkredite nicht finanzierbar ist, da es für Banken keinen Sicherheitenwert darstellt.

---

[25] Raiffeisen-Leasing GmbH: 15.

[26] Vgl. DRUKARCZYK: 459.

[27] gmbhchef: 31.

[28] Mehr hierzu finden Sie unter http://de.wikipedia.org/wiki/Off-balance-sheet, abgerufen am 11.04.2009.

Nutzen:

Leasing bietet eine Reihe an Vorteilen:

- 100%ige Finanzierung möglich.
- Schonung der eigenen Liquidität („pay as you earn").
- Aufwandslinearisierung.
- Bilanzneutralität (off-balance nach HGB, IFRS und US-GAAP).[29]
- *„Mittels Leasing lässt sich die Betriebsausstattung stets auf dem aktuellsten Stand halten."*[30]

Risiken:

Keine Risiken für den Kunden.

Preisgestaltung:

Leasing ist etwas teurer als die Darlehensfinanzierung, da sich die Leasinggesellschaft selbst refinanzieren muss und natürlich noch ihre eigene Marge – deren Höhe hängt von der Kundenbonität ab – verlangt.

---

[29] Bei HGB, IFRS und US-GAAP handelt es sich um (international) anerkannte Rechnungslegungsvorschriften.

[30] gmbhchef: 31.

6. Exportfinanzierungen

Der Export ist eine wesentliche Stütze der deutschen Wirtschaft. Dies belegt die Tatsache, dass Deutschland 2006 Exportweltmeister war und *„seine Stellung als wichtigster Güter-Exporteur der Welt das vierte Jahr in Folge"*[31] verteidigen konnte.

Zur Finanzierung von Exportgeschäften gibt es verschiedene Möglichkeiten. *„Die wichtigsten Finanzierungsformen im Auslandsgeschäft sind Besteller- und Lieferantenkredite sowie die Forfaitierung. Hinzu kommen der Ankauf von Exportdokumenten, also die Kreditgewährung auf Inkasso- oder Akkreditivdokumente, verschiedene Formen von Exportkrediten und das Exportfactoring."*[32]

Vielfach werden diese Geschäfte durch eine HERMES-Deckung[33] (Ausfuhrgewährleistung, Bundesdeckung) abgesichert.

6.1 Bestellerkredit

„Bestellerkredite sind die mit Abstand wichtigste Form der Exportfinanzierung."[34] Die finanzierende Bank gewährt dem ausländischen Käufer (Besteller) oder dessen Hausbank einen Kredit, der direkt an den Exporteur ausbezahlt wird.

„Bestellerkredite sind immer an Lieferungen und Leistungen inländischer Exporteure gebunden und werden deshalb auch "gebundene

---

31 Spiegel Online Wirtschaft.

32 Exportfinanzierung.

33 Sammelbegriff für verschiedene Formen der staatlichen Risikoabsicherung durch die HERMES-Kreditversicherungs AG im Ausfuhrgeschäft.

34 Exportfinanzierung.

Finanzkredite" genannt. In der Regel werden sie unter Deckung einer staatlichen Kreditversicherung vergeben.

Die wichtigsten Finanzierungsinstitutionen für die Vergabe von Bestellerkrediten sind neben den Hausbanken die Ausfuhrkreditgesellschaft (AKA) sowie die Kreditanstalt für Wiederaufbau (KfW)."[35]

Zielgruppe:

Exporteure von Investitionsgütern.

Nutzen:

Bringt eine Optimierung der Liquidität und Bilanzentlastung für den Exporteur.

6.2 Lieferantenkredit

Mit dem Lieferantenkredit wird das vom Exporteur gegenüber dem Importeur eingeräumte Zahlungsziele (kurz- und mittelfristig) refinanziert.

Abbildung 2: Zeitlicher Ablauf eines Exportgeschäftes

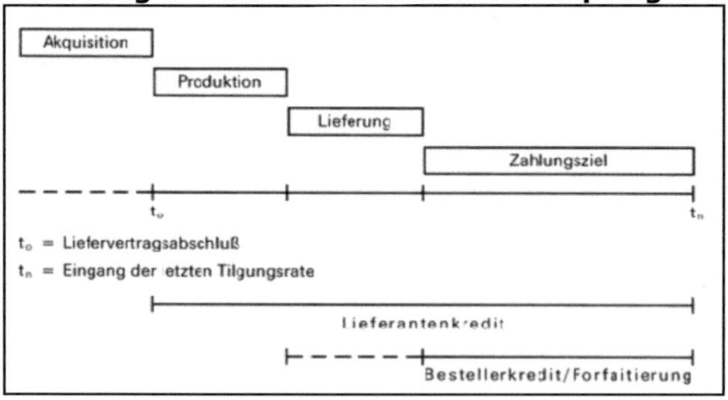

Quelle: Sparkassen-Informatik.

35 Exportfinanzierung.

Abbildung 2 zeigt, dass der Lieferantenkredit für die gesamte Laufzeit des Liefergeschäftes genutzt werden kann. (Bestellerkredit oder Forfaitierung können erst ab Lieferung eingesetzt werden.) Eine Kombination der Finanzierungsformen ist möglich, d.h. für die Aufwendungen während der Produktionsphase wird der Lieferantenkredit in Anspruch genommen und dann ab Beginn der Lieferung durch Bestellerkredit / Forfaitierung abgelöst.

Lieferantenkredite werden über die Hausbank des Exporteurs bei der AKA (www.akabank.de) beantragt.

Zielgruppe:
Exporteure von Investitions- und Konsumgütern.

Nutzen:
Exporteur erhält vor der Zahlung seines Kunden Liquidität. Die Finanzierungskosten sind gegenüber dem Kontokorrentkredit meist niedriger.

Hat der Exporteur für seine Auslandsforderungen eine Bundesdeckung, Investitionsgüterkreditversicherung (IKV) oder eine Warenkreditversicherung mit erweitertem Deckungsschutz (Erweiterte WKV) der Euler Hermes Kreditversicherungs-AG, so kann er diese gedeckten Forderungen zur Refinanzierung des eingeräumten Zahlungszieles nutzen, indem er sie seiner Hausbank zum Ankauf anbietet. (Dies kann auch losgelöst vom Bestellerkredit – als eigenständige Refinanzierungsform – geschehen.)

6.3 Forfaitierung

Unter Forfaitierung wird der Ankauf von mittel- bis langfristigen Forderungen durch einen Forderungskäufer (Forfaiteur) unter Verzicht des Rückgriffs auf den Forderungsverkäufer (Forfaitist) im Falle der Nichtzahlung durch den Schuldner verstanden. Durch die Forfaitierung gehen alle Rechte und Risiken (wirtschaftlich und politisch) aus der Forderung auf den Forfaiteur über. Schätzt der Forfaiteur das Länderrisiko hoch oder die Bonität des Schuldners gering ein, so wird er den Ankauf nur tätigen, wenn eine HERMES-Deckung vorliegt.

Zielgruppe:

Exporteure von Investitions- und Konsumgütern.

Nutzen:

Die Forfaitierung bringt der Unternehmung eine kurzfristige Umsatzfinanzierung mit hundertprozentigem Forderungsausfallschutz!

Risiken:

Keine Risiken für den Forderungsverkäufer.

Preisgestaltung:

Bei der Beurteilung der Forderungen ist das Schuldnerland von großer Bedeutung. Hierdurch werden im Wesentlichen die Forfaitierungssätze (Kosten) und die Forfaitierungslaufzeit bestimmt. Als beste Schuldnerländer gelten z.B. USA, Schweiz und Frankreich.[36]

---

[36] Vgl. JAHRMANN; OLFERT: 500-501.

6.4 Globalkredit

Der Globalkredit stellt ein vereinfachtes Verfahren zur Refinanzierung vieler kleiner bis mittlerer Exportgeschäfte mit kurz- bis mittelfristigen Zahlungszielen dar. Der Globalkredit ist die Alternative zum Lieferantenkredit. Mit ihm kann der Exporteur seine Fabrikationsperioden und/oder Zahlungsziele finanzieren.
Der Globalkredit kann entweder von der Hausbank oder über die AKA bereitgestellt werden.

Zielgruppe:

Exporteure von Investitions- und Konsumgütern mit vielen kleinen Einzelaufträgen.

Nutzen:

Verbesserung der Finanzstruktur und Liquiditätssituation.

Risiken:

Bonitätsrisiko des Abnehmers verbleibt beim Exporteur - kann durch Bundesdeckung, IKV oder WKV minimiert werden.

Preisgestaltung:

Es kann entweder ein Festzins oder variabler Zinssatz vereinbart werden. Marge ist kundenabhängig, Zinssatz ist i.d.R. gegenüber Kontokorrentkredit niedriger, aber es fällt eine feste Bereitstellungsgebühr i.H.v. 0,25% p.a. an.

6.5 Kurzfristige Exportkredite

Mit kurzfristigen Exportkrediten hat der Exporteur die Möglichkeit, die Zeit vom Abschluss des Kaufvertrages bis zum Eingang der Erlöse finanziell zu überbrücken.[37]

Als Sicherheiten dienen die exportierte Ware beziehungsweise die daraus entstehenden Forderungen gegen den ausländischen Importeur. Die wichtigsten Formen kurzfristiger Exportkredite sind:

1. Bevorschussung und Ankauf von Exportdokumenten,
2. Negoziierungskredite sowie
3. Akzept- und Rembourskredite.

zu 1)

Kreditinstitute gewähren Unternehmen (Exporteuren) Kredit auf Geschäfte mit Dokumenten-Inkasso[38] und/oder Dokumenten-Akkreditiv[39].

Der Kredit auf die Exportdokumente wird mit dem Inkasso- bzw. Akkreditiverlös abgedeckt. Die in einheitlichen Richtlinien ERI und ERA festgelegte Dokumentenstrenge reglementiert die Geschäfte und sorgt für „Sicherheit". Die Kreditinstitute prüfen natürlich die einwandfreie Beschaffenheit der Dokumente, deren Verwertbarkeit und die Bonität des Einreichers bzw. des Begünstigten.

---

[37] GRILL; PERCZYNSKI: 493.

[38] Dokumenten-Inkasso: d/p = Dokumente gegen Zahlung oder
d/a = Dokumente gegen Akzept.

[39] Dokumenten-Akkreditiv: L/C = Letter of Credit (Akkreditiv).

zu 2)

Der Negoziierungskredit (auch Negoziationskredit) ist eine im Auslandsgeschäft übliche Finanzierungsform, bei der von Dokumenten begleitete Tratten[40] (gezogener Wechsel) auf der Grundlage von Ziehungsermächtigungen angekauft werden. Die Rückzahlung erfolgt durch die Wechseleinlösung. Da ein Wechsel (strenges Wechselrecht, ERI) die Finanzierungsgrundlage bildet, ist der Negoziierungskredit zinsgünstig.

zu 3)

Der Rembourskredit ist prinzipiell auch ein Akzeptkredit. Vom normalen Akzeptkredit unterscheidet er sich in der Form, dass er durch Dokumente gesichert ist. Dadurch muss der Importeur erst die Waren am Ende der Wechsellaufzeit bezahlen und der Exporteur erhält durch die Diskontierung des Wechsels frühzeitig sein Geld.

Hinweis: Vorteil ergibt sich für den Kreditnehmer aus den im Vergleich zum Kontokorrentkredit niedrigeren Kosten und das üblicherweise keine weiteren Kreditsicherheiten gestellt werden müssen.

---

[40] *Tratte* = gezogener Wechsel, durch den der Bezogene angewiesen wird, an den Nehmer (Remittenten) eine bestimmte Geldsumme zu zahlen.

7. Avale

"Ein Unternehmen nimmt einen Avalkredit in Anspruch, wenn ein Kreditinstitut gegenüber einem Gläubiger des Unternehmens ein bedingtes Zahlungsversprechen entweder in Form einer Bürgschaft oder Garantie abgibt."[41] *„Der Avalgeber [...] stellt also keinen Geldbetrag zur Verfügung, sondern die eigene Kreditwürdigkeit bzw. Garantiekraft."*[42]

Das Aval kann gegenüber Kunden im In- sowie Ausland erbracht werden. Avale können nach „Bürgschaften auf erstes Anfordern" mit sofortiger Zahlpflicht nach Inanspruchnahme durch den Avalbegünstigten und nach „Bürgschaften ohne Zahlungsklausel auf erstes Anfordern", die bei Inanspruchnahme eine etwaige Zahlung erst nach eingehender Prüfung aller zulässigen, fristgerechten Einreden des Avalauftraggebers zulassen, unterschieden werden. Zur Vermeidung der eingehenden Prüfung von Ansprüchen aus den zugrundeliegenden Vertragsverhältnissen sind Banken vorrangig an Bürgschaften auf erstes Anfordern interessiert.

Zu den wichtigsten Formen des Avalkredites zählen:

- Anzahlungsgarantie.
- Bietungsgarantie.
- Gewährleistungsgarantie.
- Mietgarantie.

[41] BILSTEIN; WÖHE: 261.

[42] Euler Hermes Kreditversicherungs-AG: 4.

Zielgruppe:

Hauptsächlich wichtig für Unternehmen, die Anzahlungen von Ihren Kunden fordern und diese denen gegenüber absichern müssen, Gewährleistungen übernehmen und an (staatlichen) Ausschreibungen/Bietverfahren teilnehmen.

Nutzen:

Liquiditätsschonung, da Aval anstatt Barhinterlegung eingesetzt wird. Ebenso ist die Teilnahme an einigen Ausschreibungen nur mit Stellung eines Avals möglich.

Risiken:

Ungerechtfertigte Inanspruchnahme, da bei einem Aval „auf erstes Anfordern" die Bank Zahlung leisten muss - egal ob gerechtfertigt oder nicht, sobald dies der Begünstigte von der Bank verlangt.

Preisgestaltung:

Die Avalprovision ist abhängig von Bonität, Avalart, Sicherheit und Laufzeit. Sie liegt meistens zwischen 0,5 – 3,5% p.a.

Zusätzlich fallen noch Kosten für die Erstellung der Avalurkunde an (je nach Avalart und -text ca. € 35,00 - 100,00).

8. Öffentliche Förderprogramme

Bund und Länder gestalten Wirtschaftspolitik unter anderem durch Förderinstrumente in Form von Zuschüssen, zinsverbilligten Krediten sowie Haftungsübernahmen und Bürgschaften. Fördermittel sind zielorientierte staatliche Interventionen, die in der regionalen Strukturpolitik sowie in den Bereichen Umwelt, Technologie, Innovation, Infrastruktur, Wachstum, Mittelstand, Arbeitsplatzschaffung und Arbeitsplatzsicherung ihre Anwendung finden.

Der politische Förderschwerpunkt liegt in der Unterstützung von kleinen und mittleren Unternehmen. Gerade für diese spielen Förderkredite bei der Finanzierung von Investitionen eine bedeutende Rolle. *„Fast 40 Prozent der Betriebe mit weniger als zehn Beschäftigten hätten ohne staatliche Hilfe gar nicht erst investiert [...].“*[43]

Die Fördermittel werden stets über die Hausbank beantragt.

Eine detaillierte Aufstellung über Förderbanken des Bundes und der Länder (Stand 2006) ist abrufbar unter http://www.voeb.de/download/foerderbanken_bund_laender.

Hinweis: Auch eine Investition, die auf den ersten Blick nicht förderfähig erscheint, weil z.B. kein Bezug zum Umweltschutz oder einem anderen Förderschwerpunkt erkennbar ist, kann häufig mit öffentlichen Förderprogrammen (teil-) finanziert werden!

---

43 MIND 2006: Aufschwung aus eigener Kraft: 20.

Zielgruppe:

Alle Unternehmen insbesondere dann, wenn sie

- sich im Wachstum (Expansion) befinden.
- technologieorientiert oder forschend tätig sind.
- in Umweltschutz, Innovation oder Infrastruktur investieren.
- in ausgewiesenen Fördergebieten, z.B. in strukturschwachen Gegenden, Arbeitsplätze schaffen.

Nutzen:

Förderdarlehen bieten den Unternehmen eine Reihe von Vorteilen:

- Konditionen oft deutlich günstiger als Bankdarlehen.
- Sehr transparente Preisgestaltung.
- Mittel stehen langfristig zur Verfügung.
- Möglichkeit von Tilgungsfreijahren dient der Liquiditätsoptimierung.
- Mit „Öffentlichen Ausfallbürgschaften" können fehlende Sicherheiten ersetzt werden.
- Möglichkeit einer vorzeitigen ganzen oder teilweisen außerplanmäßigen Tilgung des ausstehenden Kreditbetrages während der ersten Zinsbindungsdauer.
- Schnelle und unbürokratische Bearbeitung bei Programmkrediten der öffentlichen Hand.

Risiken:

Keine Risiken für den Kunden.

Preisgestaltung:

Üblich ist eine Marge für die Hausbank bis zu 350 Basispunkten (abhängig von der Bankeinschätzung bzgl. der Bonität des Antragstellers und der Werthaltigkeit der Besicherung). Die zulässigen Margenobergrenzen werden von den „Öffentlichen Programmträgern" festgelegt und können von jedermann eingesehen werden.

Für einzelne Programme, z.B. Nachrangdarlehen, die nicht unter dem Obligo der Hausbank ausgereicht werden, sondern für die die öffentlichen Stellen eine volle Haftung übernehmen, sind feste Margen vorgeschrieben.

Hinweis: Da die öffentlichen Fördermittel über die Hausbank beantragt werden müssen, findet hier ebenfalls ein ausführlicher Ratingprozess statt. Wenn das Kreditinstitut zu keiner positiven Einschätzung kommt, wird es die Mittel nicht beantragen!

9. Fallbeispiele

„Inmitten der Schwierigkeiten liegt die Möglichkeit."

Albert Einstein

Die in diesem Kapitel aufgeführten Fallbeispiele sind aus der Realität genommen und hier in einer stark vereinfachten und verallgemeinerten Form dargestellt, um mögliche Anwendungsformen und deren Nutzen nahe zu bringen.

9.1 Beispiel Umstrukturierung Kontokorrentlinie

Annahmen:

Unternehmen hat eine **Kontokorrentlinie** i.H.v. **100.000** zu **12,5%** p.a. zzgl. **Bereitstellungsprovision** von **1%** p.a. Die **Sockelinanspruchnahme** beträgt **50.000**, die durchschnittliche **Kreditinanspruchnahme** liegt bei **75.000.**

Situation aktuell	Kosten p.a.
Zinskosten ∅ Inanspruchnahme	9.375
Bereitstellungsprovision	1.000
Gesamtkosten	**10.375**

Umstrukturierungsvariante A:

Die **Sockelinanspruchnahme** wird in **Geldmarktkredit** mit Zinsfestschreibung von 1 Jahr umfinanziert. **Zinssatz 6%** p.a.

	Kosten p.a.
Zinskosten Geldmarktkredit 50.000	3.000
Zinskosten ∅ Inanspruchnahme 25.000	3.125
Bereitstellungsprovision	1.000
Gesamtkosten	**7.125**

Ersparnis bzw. Minderaufwand zur aktuellen Situation beträgt ***3.250 p.a.!***

Umstrukturierungsvariante B:

Die **Sockelinanspruchnahme** wird in ein **Darlehen** umfinanziert, 4 Jahre Zinsfestschreibung, **Zinssatz 6,5%** p.a. Die KK-Linie wird auf 50.000 reduziert, womit sich auch die Kosten für die Bereitstellung reduzieren. Die Einsparung zur aktuellen Kostensituation wird für die Tilgung des Darlehens benutzt.

	Kosten p.a.
Zinskosten Darlehen 50.000	3.250
Zinskosten ∅ Inanspruchnahme 25.000	3.125
Bereitstellungsprovision	500
Gesamtkosten	**6.875**

Durch die Zinskostenersparnis kann bereits im **1. Jahr eine Tilgung** i.H.v. gut **3.500** vorgenommen werden (Detailberechnung hierzu s. Tabelle 1).

Tabelle 1: Tilgungsplan

Nominalzins:	6,50%				
Von Datum bis Datum	Text	Bewegungen in EUR	Kapital Rest in EUR	Zins in EUR	Tilgung in EUR
01.01.2009	Auszahlung	50.000,00	50.000,00	0,00	0,00
30.12.2009	Abschluss	6.750,00	46.384,24	3.134,24	3.615,76
30.12.2010	Abschluss	6.750,00	42.535,91	2.901,67	3.848,33
30.12.2011	Abschluss	6.750,00	38.429,85	2.643,94	4.106,06
30.12.2012	Abschluss	6.750,00	34.048,80	2.368,95	4.381,05
01.01.2013	Abschluss	34.054,95	0,00	6,15	34.048,80
	Summen	61.048,80	0,00	11.054,95	50.000,00

Quelle: Eigene Darstellung.

Somit kann innerhalb von 4 Jahren eine Rückführung der Verbindlichkeiten von knapp. **16.000** nur aus den Einsparungen der Umfinanzierung erfolgen!

9.2 Beispiel Skontonutzung

Die Skontoformel lautet: $\frac{Skontosatz * 360\ Tage}{Zahlungsziel - Skontofrist}$ = Verzinsung.

3% Skonto innerhalb von 10 Tagen, sonst rein netto innerhalb von 30 Tagen => eine Verzinsung von $\frac{3 * 360\ Tage}{30 - 10}$ = 54%.

Guthaben zur Skontozahlung zu nutzen, ist lohnenswerter als eine Geldanlage in dem Zeitraum! *(Gem. den genannten Annahmen müssten Sie für eine Geldanlage von 20 Tagen eine Verzinsung von 54% erhalten, um den Skontonutzen zu egalisieren.)*

Praxisbeispiel:

Einkauf von Waren zum Rechnungspreis von **100.000**. **3% Skonto** bei Zahlung innerhalb von 10 Tagen. Kontokorrentlinie zu **12,5%** p.a. und freie KK-Linie reicht zur vollständigen Bezahlung mit Skonto.

Variante A:

Rückführung der KK-Linie mit Zahlungseingang nach **30 Tagen**.

Skontonutzen	3.000
Zinskosten für KK-Inanspruchnahme	-1.042
Kostenvorteil	**1.958**

Variante B:

Rückführung der KK-Linie mit Zahlungseingang nach **75 Tagen**.

Skontonutzen	3.000
Zinskosten für KK-Inanspruchnahme	-2.605
Kostenvorteil	**395**

Hinweis: *Wenn die Möglichkeit zur Nutzung von Skontozahlung durch freie KK-Linie besteht, ist der Skontonutzen größer als die Kosten für die Inanspruchnahme (selbst bei längeren Finanzierungszeiträumen)!*

9.3 Beispiel Erweiterung Produktionslinie

Annahmen:

Unternehmen schafft eine **neue Produktionslinie** im Wert von **100.000** an. Darlehenszusage für 10 Jahre, komplette Tilgung innerhalb der Darlehenslaufzeit.

Klassische Finanzierung:

Unternehmen nimmt ein langfristiges Darlehen (Kreditlaufzeit und Zinsfestschreibung 10 Jahre) auf und führt dieses ratierlich zurück. Ggfs. ist noch eine jährliche Sondertilgungsmöglichkeit i.H.v. 5-10% der Ursprungskreditsumme vereinbart.

Alternative A:

Auch hier wird über ein Darlehen finanziert, jedoch wird es in mehrere Tranchen mit unterschiedlichen Zinsfestschreibungen (ZF) aufgeteilt.

	Darlehenshöhe
Tranche 1 *(ZF 1 Jahr)*	15.000
Tranche 2 *(ZF 4 Jahre)*	35.000
Tranche 3 *(ZF 10 Jahr)*	50.000
Gesamt	**100.000**

Es werden günstigere Zinsbelastungen mittels der kurzen ZF erzielt. (Das Risiko von evtl. steigenden Zinsen könnte separat abgesichert werden (Zusatzkosten).) Der entscheidende Vorteil liegt aber in der erreichten Flexibilität. Somit kann ein positiver Geschäftsverlauf ggfs. für die frühere Rückzahlung von einzelnen Tranchen bei Ablauf der ZF verwendet werden. In schlechten Jahren kann evtl. mit der Bank eine Tilgungsreduzierung vereinbart werden.

Alternative B:

Auch hier wird ein Teil über ein Darlehen finanziert, jedoch wird es in zwei Tranchen mit unterschiedlichen Zinsfestschreibungen (ZF) aufgeteilt, und der Rest mittels öffentlichen Fördermitteln dargestellt.

	Darlehenshöhe
Tranche 1 *(ZF 1 Jahr)*	15.000
Tranche 2 *(ZF 4 Jahre)*	35.000
Öffentliche Fördermittel *(ZF 10 Jahre, 2 Tilgungsfreijahre)*	50.000
Gesamt	**100.000**

Günstigere Zinsbelastungen mittels der kurzen ZF sowie der Nutzung von öffentlichen Fördermitteln. Der Hauptvorteil liegt ebenfalls in der gewonnenen Flexibilität. Durch die Tilgungsfreijahre ist die anfängliche Belastung zusätzlich reduziert. Ein positiver Geschäftsverlauf kann ggfs. für die frühere Rückzahlung der einzelnen Tranchen bei Ablauf der ZF verwendet werden. Die Fördermittel können jederzeit – ohne Vorfälligkeitsentschädigung – in Teilen oder komplett zurückgezahlt werden. In schlechten Jahren kann evtl. mit der Bank eine Tilgungsreduzierung vereinbart werden.

9.4 Beispiel Nutzungsänderung Immobilie

Annahmen:

Unternehmer besitzt eine Wohnimmobilie (6 Parteien) in guter Stadtlage. Diese ist aktuell an seine Firma vermietet, die Miete liegt unter der möglichen Mieteinnahme bei Einzelvermietung der Wohnungen. Durch strukturelle Veränderungen werden nur noch 2/3 der Immobilie durch die Firma genutzt. Untervermietung ist nicht möglich. Die Lage der Immobilie ist für die Geschäftstätigkeit nicht von zentraler Bedeutung.

Situation aktuell:

Es gibt keine Kundenparkplätze. Da es sich um zu Büroraum umfunktionierte Wohnungen handelt, ist die Nutzung nicht optimiert, besonders seit 1/3 der Fläche w/ Personalreduzierung nicht mehr benötigt wird.

Umstrukturierungsvariante:

Die Unternehmung zieht in ein (neues) Gewerbegebiet um. Die Bürofläche wird dem Bedarf entsprechend angemietet. Die Miete hierfür ist mit den bisherigen Mietzahlungen vergleichbar.

Die optimalere Aufteilung der Räume ermöglicht eine verbesserte Kommunikation unter den Mitarbeitern. Das Gesamterscheinungsbild ist zeitgemäßer. Für Kunden und Mitarbeiter sind Parkplätze vorhanden.

Die eigene Immobilie wird renoviert und wieder als Wohnhaus vermietet. Renovierungskosten können durch die Mehrmieteinnahmen finanziert werden.

Vorteil: Zwar zahlt die Firma nun Miete an einen Dritten, hat aber hierfür moderne, zeitgemäße und optimierte Büroflächen. Dies bringt eine bessere Außenwirkung und motiviert die Mitarbeiter.

Durch die Nutzung der Eigenimmobilie als Wohnhaus wird nun mehr Mieterertrag erzielt wie vorher. Dieser Mehrertrag geht direkt zu Gunsten des Unternehmers (Hauseigentümers).

10. Finanzierungsberatung

"Erfahrung ist der beste Lehrmeister.

Nur das Schulgeld ist teuer."

Thomas Carlyle

„Unternehmen in Deutschland verlassen sich in Fragen der Finanzierung auf ihren Steuerberater – und auf die Hausbank."[44] Wie aus Tabelle 2 ersichtlich wird, informieren sich rund zweidrittel der Unternehmen bei ihrem Steuerberater bzw. Wirtschaftsprüfer, der dann auch direkt die Finanzierung an den steuerlichen Erfordernissen ausrichten kann. Fast die Hälfte der Unternehmen lässt sich (daneben auch) von ihrer Hausbank beraten. Überraschend ist, dass *„obwohl sich das Angebot an Finanzierungsinstrumenten und Methoden in den vergangenen Jahren wesentlich diversifiziert hat, entscheidet jeder siebte Chef allein – ohne sich anderweitig zu informieren."*[45]

Tabelle 2: Informationsquellen in Finanzierungsfragen

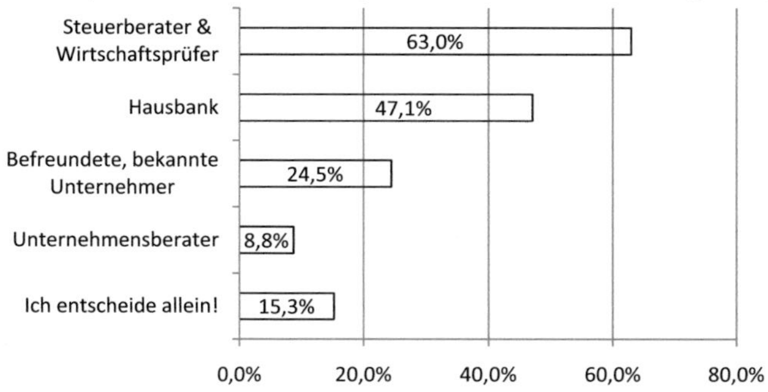

Quelle: Eigene Darstellung basierend auf: MIND 2006: Aufschwung aus eigener Kraft: 17.

44 MIND 2006: Aufschwung aus eigener Kraft: 16.

45 MIND 2006: Aufschwung aus eigener Kraft: 16.

Das es eine starke Bindung der KMU an ihre Hausbank gibt, belegt die Tatsache, dass durchschnittlich 75% der gesamten Verschuldung bei der Hausbank konzentriert sind und nach Umfragen sogar 40% der KMU nur eine Bankverbindung haben.[46] Diese enge Zusammenarbeit zwischen Unternehmen und Hausbank sollte eine Vertrauensbasis schaffen, die es der Bank ermöglicht, eine bessere Risikoabschätzung vorzunehmen. Hiervon sollte die Unternehmung dann in Form von günstigeren Kreditkosten profitieren.[47]

Andererseits kann es sinnvoll sein, sich einmal von einem anderen Kreditinstitut beraten zu lassen, da dieses eventuell eine andere Geschäftspolitik, z.B. bzgl. der Risikoeinordnung der Unternehmensbranche, verfolgt und/oder auch andere Finanzierungsinstrumente anbietet, die für das Unternehmen vorteilhafter sind. (Vergleichen lohnt sich getreu dem Motto: *„Das Bessere ist des Guten Feind!"*)

Hinweis: Sobald die Hausbank merkt, dass der Unternehmerandere Angebote einholt und sie sich somit in einer Wettbewerbssituation befindet, wird die auch bis dato „konditionsstarre" Hausbank zu Eingeständnissen bereit sein, um das Unternehmen nicht (ganz) als Kunde zu verlieren. Von Wettbewerb unter den Banken profitieren Sie als Kunde!

Es ist klar, dass sich der Unternehmer mit den Finanzierungsfragen seines Unternehmens beschäftigen muss. Aber aufgrund der Komplexität und Vielfalt der zur Verfügung stehenden Finanzierungsinstrumente ist es für ihn nicht unbedingt einfach, hier einen detaillierten Überblick zu bekommen. Hierzu empfiehlt es sich, wenn er auf die

---

46 Vgl. KOLBECK; WIMMER: 38-39.

47 Vgl. KOLBECK; WIMMER: 39.

Unterstützung/Beratung von Finanzierungsexperten zurückgreift. Dies kann entweder in Form von externen Beratern auf Honorarbasis erfolgen oder bei größeren Unternehmen wird diese Funktion z.B. vom Leiter Finanzen wahrgenommen. Wichtig ist, dass sowohl der externe Berater wie auch der im Unternehmen angestellte sich permanent mit dem Finanzierungsmarkt auseinandersetzen, Trends und Entwicklungen verfolgen, um immer zeitgemäße und innovative Vorschläge unterbreiten zu können.

Durch die Optimierung von Finanzierungsstrukturen (s. Kapitel 9) lassen sich durchaus Zinskosteneinsparungen realisieren, die in dem fortschreitenden globalen Wettbewerb für den weiteren Unternehmenserfolg von essentieller Bedeutung sein können.

Hinweis: Durch die Beratung, Einholung einer Zweitmeinung kann der Unternehmer einige kostspielige, eventuell sogar existenzgefährdende Fehler vermeiden!

11. Schlusswort

"Dem Geld darf man nicht nachlaufen,
man muss ihm entgegenkommen."
Aristoteles Onassis

In dem vorliegenden Ratgeber wurden ausschließlich die Fremdfinanzierungsformen betrachtet, die auch überhaupt kleinen und mittleren Unternehmen zugänglich sind.

Es bleibt festzuhalten, dass Unternehmenswachstum Kapitalbedarf erzeugt, der finanziert werden muss. Hierzu bieten sich verschiedene Formen der Finanzierung an.

Das Bankdarlehen ist dabei das mit Abstand wichtigste Finanzierungsinstrument für die Unternehmen. Der Einsatz von alternativen Finanzierungsformen wie Leasing und öffentlichen Förderprogrammen wird zukünftig an Bedeutung gewinnen.[48]

Anhand der Praxisbeispiele verdeutlicht der vorliegenden Ratgeber, wie mittels intelligenten Einsatzes von unterschiedlichen Finanzierungsinstrumenten Kostenvorteile für die Unternehmung erzielt werden können.

Beachten Sie, dass um die finanziellen Konsequenzen zukünftiger Unternehmensaktivitäten abzubilden, eine Finanz- und Kapitalbedarfsplanung zu erstellen ist. Diese ist erforderlich, damit die einzelnen finanziellen Anforderungen des Unternehmens erkannt werden

---

[48] Vgl. BDI: 144-147.

und somit gewährleistet wird, dass jederzeit genügend Liquidität zur Verfügung steht.

Für eine erfolgreiche Unternehmensfinanzierung gibt es kein Patentrezept mit Allgemeingültigkeit. Wenn der Unternehmer aber ein paar einfache Regeln beachtet, wie z.B.

- die genaue Planung der Investition und der erwarteten Rückflüsse daraus,
- Auswahl einer an die Investition angepassten Finanzierungsstruktur (Laufzeit / Zinsfestschreibung / Sondertilgungsmöglichkeiten),
- Beratung durch Externe (Steuerberater, Bank),

kann er viele, eventuell sogar existenzgefährdende Fehler vermeiden.

Die finanzwirtschaftlichen Marktentwicklungen für Fremd- und Eigenkapitalmittel werden zwar den Bankkredit nicht als die bevorzugte Finanzierungsform des Mittelstandes nach der Selbstfinanzierung ablösen, jedoch wird das sich verbreiternde Angebot an Finanzierungsformen helfen, mehr Investitionsvorhaben zu realisieren bzw. „innovativ" strukturieren zu können.

Der mittelständische Unternehmer muss sich aber erst noch mit diesen neuen Finanzierungsformen vertraut machen, denn bisher finden die alternativen Finanzierungsformen noch wenig Verwendung beim Mittelstand.[49]

Genauso intensiv wie der Unternehmer sich um seine Produkte/Dienstleistungen, Marketing und deren Vertrieb kümmert, muss er sich auch mit den Finanzierungsfragen seines Unternehmens

---

[49] Vgl. MIND 2006: Aufschwung aus eigener Kraft: 5.

beschäftigen. Denn durch die Optimierung von Finanzierungsmitteln lassen sich Zinskosteneinsparungen realisieren, die in dem fortschreitenden globalen Wettbewerb für den weiteren Unternehmenserfolg von essentieller Bedeutung sein können. Gerade deshalb sollte der Unternehmer sich in Finanzierungsfragen von Experten beraten lassen.

Viel Erfolg bei Ihren zukünftigen Finanzierungen!

Literatur- und Quellenverzeichnis

BDI (Bundesverband der Deutschen Industrie e.V.): Der industrielle Mittelstand – ein Erfolgsmodell, Berlin 2003

BILSTEIN, Jürgen; WÖHE, Günter: Grundzüge der Unternehmensfinanzierung, 9. Auflage, München 2001

DEITERMANN, Manfred; RÜCKWART, Wolf-Dieter; SCHMOLKE, Siegfried: Industrielles Rechnungswesen IKR, 36. Auflage, Darmstadt 2008

DÖRSAM, Peter: Grundlagen der Investitionsrechnung, 5. Auflage, Heidenau 2007

DRUKARCZYK, Jochen: Finanzierung, 9. Auflage, Stuttgart 2003

EHEBRECHT, Heinz-Peter; KLEIN, Volker; KRENITZ, Manfred: Finanzierung und Investition, 2. Auflage, Troisdorf 2001

Euler Hermes Kreditversicherungs-AG: Avalkredit - Informationen zu Bürgschaften, Garantien und Bonds (15 2500 0706), Hamburg 2006

Exportfinanzierung

iXPOS - Das Außenwirtschaftsportal, abgerufen am 11.04.2009,http://www.ixpos.de/nn_600708/Navigation/05FinanzierenAbsichern/Exportfinanzierung/exportfinanzierung__node.html?__nnn=true

Factoring boomt – Exklusivstudie zeigt hohe Potenziale im Mittelstand, abgerufen am 11.04.2009, http://www.competencesite.de/banken.nsf/3c26e7f55f24138ac125691800380650/817961b84e9b2d95c12570cc0070644e!OpenDocument

FRANKE, Günter; HAX, Herbert: Finanzwirtschaft des Unternehmens und Kapitalmarkt, 5. Auflage, Berlin et al. 2004

gmbhchef (Zeitschrift): Flexibilität ist Trumpf, Ausgabe Juni-Juli 2008

GRILL, Wolfgang; PERCZYNSKI, Hans: Wirtschaftslehre des Kreditwesens, 35. Auflage, Bad Homburg vor der Höhe 2001

IfM Bonn Mittelstandsdefinition, abgerufen am 11.04.2009, http://www.ifm-bonn.org/index.php?id=89

JAHRMANN, F.-Ulrich; OLFERT, Klaus (Hrsg.): Außenhandel, 12. Auflage, Ludwigshafen (Rhein) 2007

KOLBECK, Christoph (Hrsg.); WIMMER, Rudolf (Hrsg.): Finanzierung für den Mittelstand – Trends, Unternehmensrating, Praxisfälle, 1. Auflage, Wiesbaden 2000

MIND 2006: Aufschwung aus eigener Kraft, Köln 2006

OLFERT, Klaus; REICHEL, Christopher: Finanzierung, 13. Auflage, Ludwigshafen (Rhein) 2005

Raiffeisen-Leasing GmbH, Geschäftsbericht 2006, Wien 2007

PERRIDON, Louis; STEINER, Manfred: Finanzwirtschaft der Unternehmung, 13. Auflage, München 2004

Sparkassen-Informatik, abgerufen am 11.04.2009, http://domino.s-web.de/412566090049A50E/(Import)/Exportfinanzierung_4_3()/$FILE/Exportfinanzierung_4_3.pdf

Spiegel Online Wirtschaft, Deutschland dieses Jahr wieder Exportweltmeister, 11.10.2006, abgerufen am 11.04.2009, http://www.spiegel.de/wirtschaft/0,1518,442094,00.html

WÖHE, Günter: Einführung in die Allgemeine Betriebswirtschaftslehre, 23. Auflage, München 2008

EINZELSCHRIFTEN

Cornelia A. J. Haas

Goodwill-Bilanzierung nach IFRS und Implikationen für das Controlling

Lohmar – Köln 2009 • 456 S. • € 66,- (D) • ISBN 978-3-89936-785-0

Oliver Boldt

Unternehmensübergreifendes Qualitätsmanagement für korridorbezogene Kombinierte Güterverkehre Schiene/Straße – Konzeptionelle Entwicklung eines Gestaltungsansatzes und erste Ergebnisse zur praktischen Umsetzung

Lohmar – Köln 2009 • 440 S. • € 68,- (D) • ISBN 978-3-89936-786-7

Lara T. Mohr

Die Bedeutung subjektiv-rationaler und emotionaler Manager-Motive bei Mergers & Acquisitions – Untersucht am Beispiel der Übernahme von REEBOK durch ADIDAS

Lohmar – Köln 2009 • 352 S. • € 64,- (D) • ISBN 978-3-89936-790-4

Wolfgang Dorfner

Ethno-Marketing unter dem Aspekt der demografischen Entwicklung

Lohmar – Köln 2009 • 156 S. • € 47,- (D) • ISBN 978-3-89936-791-1

Jörn-Axel Meyer (Hrsg.)

Management-Instrumente in kleinen und mittleren Unternehmen – Jahrbuch der KMU-Forschung und -Praxis 2009

Lohmar – Köln 2009 • 484 S. • € 74,- (D) • ISBN 978-3-89936-793-5

Sylvia Heller

Die Bilanzierung von Versicherungsverträgen nach IFRS – Eine ökonomische Analyse

Lohmar – Köln 2009 • 304 S. • € 59,- (D) • ISBN 978-3-89936-795-9

Thomas M. Woytt

Fremdfinanzierungsratgeber für kleine Unternehmen

Lohmar – Köln 2009 • 68 S. • € 19,90 (D) • ISBN 978-3-89936-800-0